Bibliografische Information der Deutschen Nationalbibliothek:

Die Deutsche Bibliothek verzeichnet diese Publikation in der Deutschen Nationalbibliografie; detaillierte bibliografische Daten sind im Internet über http://dnb.d-nb.de/ abrufbar.

Impressum:

Druck und Bindung: Books on Demand GmbH, Norderstedt Germany
ISBN: 9783668708891

Dieses Buch bei GRIN:

https://www.grin.com/document/426496

Susann Schultz

App zur Suche von Präventionsangeboten. Die Entwicklung einer mHealth-Lösung zur Verbesserung der Gesundheitsversorgung

GRIN Verlag

App zur Suche von Präventionsangeboten

Entwicklung einer mHealth-Lösung zur Verbesserung der Gesundheitsversorgung

im Modul Kommunikationstechnik

des Masterstudiengangs eHealth an der Fachhochschule Flensburg

Inhalt

Abkürzungsverzeichnis

2G	Zweite Generation von Mobilfunksystemen
3G	Dritte Generation von Mobilfunksystemen
4G	Vierte Generation von Mobilfunksystemen
A-GPS	Assisted Global Positioning System
API	Application Programming Interface
App	Application
BBU	Battery Backup Unit
BZgA	Bundeszentrale für gesundheitliche Aufklärung
CPU	Central Processing Unit
EDGE	Enhanced Data Rates for GSM Evolution
EPA	Elektronische Patientenakte
GEDA	Gesundheit in Deutschland aktuell (Studie des Robert-Koch-Instituts)
GKV	Gesetzliche Krankenversicherung
GPRS	General Packet Radio Service
GPS	Global Positioning System
GSM	Global System for Mobile Communication
HSDPA	High Speed Downlink Packet Access
IPMI	Intelligent Platform Management Interface
LOC	Location
LSI	Large Scale Integration
LTE	Long Term Evolution
MySQL	My Structured Query Language
PLZ	Postleitzahl
UMTS	Universal Mobile Telecommunications System
WLAN	Wireless Local Area Network

Abbildungs- und Tabellenverzeichnis

1 Einleitung und Zielsetzung

Die StudentInnen des eHealth Masterstudiengangs der Fachhochschule Flensburg bekommen im Rahmen des Moduls „Kommunikationstechnik" die Aufgabe gestellt, eine innovative mHealth Anwendung zu entwickeln, die dazu dient die Versorgung im Gesundheitswesen durch den Einsatz moderner Informations- und Kommunikationstechnologie zu verbessern.

Um die gestellte Aufgabe zu erfüllen, wurde zunächst ein Brainstorming durchgeführt, wobei verschiedene Ideen entwickelt wurden. Im Anschluss daran, befasste sich jedes Gruppenmitglied mit einer Idee intensiver und stellte diese der restlichen Gruppe vor.

Nach Abwägen der Vor- und Nachteile der ausformulierten Ideen, entschied sich die Gruppe dafür, die Idee einer App, mit der Präventionsangebote gesucht werden können, in der nachfolgenden Ausarbeitung ausführlich zu bearbeiten.

Hierfür musste zunächst eine Begriffsklärung erfolgen um die verschiedenen Präventionsformen voneinander abzugrenzen. Es lassen sich drei verschiedene Stufen der Prävention unterscheiden: Primär-, Sekundär- und Tertiärprävention. Bei der Primärprävention, steht die Verhinderung der Entstehung von Krankheit im Mittelpunkt. Die Sekundärprävention hingegen zielt auf die Früherkennung von Krankheit ab und die Tertiärprävention hat das Ziel, Krankheitsfolgen zu mildern (Vgl. Bundesministerium für Gesundheit 2015, o. S.).

Zusätzlich werden die Verhältnis- und die Verhaltensprävention unterschieden. Die Verhältnisprävention befasst sich mit der Veränderung von Lebens-, Arbeits- und Umweltbedingungen mittels präventiver Ansätze. Die Verhaltensprävention zielt auf die Beeinflussung individueller Verhaltensmuster durch Maßnahmen in den Bereichen Ernährung, Bewegung und Entspannung ab (Vgl. Robert Koch Institut 2011, S. 23). Die App zur Suche von Präventionsangeboten wird in den Kontext der Verhältnisprävention eingeordnet, da durch diese der Zugang zum Angebot für viele Nutzer vereinfacht und transparenter gestaltet wird. Die Angebote in der App sind hingegen verhaltenspräventiv, da diese sich auf das individuelle Gesundheitsverhalten des Nutzers auswirken.

Das Robert Koch Institut hat im Jahr 2011 eine Studie mit dem Titel „Gesundheit in Deutschland aktuell (GEDA)" veröffentlicht, welche Informationen zur Inanspruchnahme von verhaltenspräventiven Maßnahmen durch gesetzlich Versicherte liefert. Im Zeitraum zwischen 1997 bis 1999 gaben 9,8 % der Befragten an, mindestens eine Maßnahme in Anspruch genommen zu haben. 2007 bis 2009 haben 16,6 % der Studienteilnehmer mindestens eine Maßnahme in

Anspruch genommen (Vgl. Robert Koch Institut 2011, S. 28). Diese Entwicklung zeigt eine Tendenz zur größeren Nutzung der Angebote, ist jedoch bezogen auf die Gesamtbevölkerung in Deutschland ausbaufähig.

Das existierende Präventionsangebot ist intransparent und zeigt nicht welcher Leistungsträger und welche Akteure wo welche präventiven und gesundheitsfördernden Aktivitäten anbieten, so Anne Janz, Vorsitzende des Gesundheitsausschusses im Deutschen Städtetag (Vgl. Deutsches Ärzteblatt 2014, o. S.).

Mit der Präventions-App wird das Ziel verfolgt, diese Lücke zu schließen und den in Deutschland krankenversicherten Bürgerinnen und Bürgern das Angebot an Präventionsleistungen übersichtlich und transparent sowie neutral und anbieterunabhängig in einem niederschwelligen Rahmen zugänglich zu machen. Hierbei soll das Patienten-Empowerment des krankenversicherten Bürgers durch Informationen sowie indirektes Aufklären, welche Leistungen ihm zustehen, gestärkt werden.

2 App zur Präventionssuche

Lebensstilassoziierte Risikofaktoren wie Suchtmittelkonsum, Stress, Bewegungsmangel und ungesunde Ernährung sind die Hauptursachen für viele Erkrankungen, die im deutschen Gesundheitswesen hohe Kosten verursachen (Gohlke 2004, o. S.). Da diese Erkrankungen durch eine Änderung des Lebensstils häufig verhindert werden können, werden in der deutschen Krankenversicherungen Maßnahmen bezuschusst, die diesem Ziel dienen und auf die Änderung des Gesundheitsverhaltens ausgerichtet sind. Verankert sind diese Präventionsleistungen in §20 SGB V.

2.1 Beschreibung der App

Die App zur Präventionssuche dient dem Nutzer dazu, sich Präventionsangebote in seiner Umgebung anzeigen zu lassen, die von seiner Krankenkasse bezuschusst oder voll erstattet werden.

Er hat die Möglichkeit über eine Standortsuche oder durch die Eingabe seiner PLZ in dessen Umkreis nach angebotenen Präventionsleistungen zu suchen.

Hat der Nutzer eine erfolgreiche Suche mit seinen Grunddaten (siehe Kapitel 3 Anforderungsanalyse, Tabelle 2: Grunddaten zur Sucheingabe) gestartet, bekommt er alle zu seinen Angaben passenden Präventionsangebote aufgelistet.

Durch einen Klick auf einen Button namens ‚Karte' kann dieser sich die Angebote anzeigen lassen, die am nächsten an der von ihm angegeben PLZ oder um seinen georteten Standpunkt herumliegen.

Der Nutzer kann sich ein Angebot genauer anschauen, indem er entweder in der Auflistung oder in der Karte auf ein für ihn interessantes Angebot klickt. Nun wird ihm das spezifische Angebot im Detail angezeigt. Zu diesen Details gehören folgende Angaben: die Entfernung zum Standort beziehungsweise zur PLZ, die Adresse des Angebots, eine Beschreibung des Angebots, damit der Nutzer entscheiden kann, ob es für ihn in Frage kommt, ob das Angebot barrierefrei erreicht werden kann, mit welchen öffentlichen Verkehrsmitteln man dorthin kommt und die Internetseite des Anbieters, sofern vorhanden.

Sofern der Anbieter eine eMail-Adresse angegeben hat, kann der Nutzer nun auf den Button ‚Kontakt' klicken und es öffnet sich ein Kontaktformular. Hat der Anbieter keine eMail-Adresse hinterlegt, erscheint der Button ‚Kontakt' nicht. Nach Angabe des Namens, Vornamens, der Telefonnummer (freiwillig) und der eigenen eMail-Adresse durch den Nutzer, kann er einen Freitext verfassen und weiterführende Fragen zu dem Angebot direkt an den Anbieter stellen.

Der Nutzer kann die Suche nicht nur für sich selbst, sondern auch für seine Familienangehörigen und Freunde durchführen.

Außerdem ist es dem Nutzer in der Liste der Angebote möglich, nach den Kriterien „Bewegung", „Entspannung", „Suchtmittelkonsum" und „Ernährung" zu filtern.

2.2 Anbieter und Markt

Zur Weiterentwicklung der Idee und zur Abgrenzung zu anderen Anwendungen wurde eine Marktanalyse durchgeführt.

Es gibt bei mehreren Krankenkassen die Möglichkeit auf deren Homepage Präventionsangebote nach verschiedenen Kriterien zu filtern. Beispielhaft aufgeführt sei die Deutsche Angestellten Krankenkasse (kurz: DAK) zu nennen, welche in Zusammenarbeit mit der zentralen Prüfstelle Prävention auf der Homepage eine Suchmaschine für Präventionsangebote anbietet (Zentrale Prüfstelle Prävention 2016, o. S.). Die möglichen Eingrenzungskriterien sind das Alter, Geschlecht, Postleitzahl, Radius und Themenfelder (u.a. Online-Coach, Kurse). Die Angebote enthalten Informationen zu der Teilnehmerzahl, zum Kursanbieter, zu der Zielgruppe, zu der Dauer und dem Umfang sowie zu den Kosten. Die Kontaktdaten des Anbieters, wie Homepage und Telefonnummer, sind ebenfalls aufgeführt. Die DAK bewirbt die Präventionsangebote mit dem besonderen Hinweis auf deren geprüfte Qualität (Vgl. Zentrale Prüfstelle Prävention 2016, o. S.). Zusätzlich wird die Präventionssuche der DAK durch ein integriertes Wörterbuch unterstützt, welches das Angebot in türkischer Sprache wiedergibt. Außerdem werden nähere Informationen zu Krankheitsbildern und deren Epidemiologie geliefert (Vgl. Sanamedia 2016, o. S.). Ergänzend gibt es Apps die krankheitsbezogen sind (Bsp.: „Skin Prevention – Fotografische Karte des Körpers für die frühe Aufdeckung von Melanom und von Hautkrebs").

In der Recherche wurde deutlich, dass es keine App gibt, die alle Präventionsangebote neutral aufzeigt oder nach Krankenkassen unterscheidet. Die Präventionsangebote werden überwiegend über die Homepages aufgelistet und von den Krankenkassen als Anbieter bereitgestellt. In der Recherche ist außerdem aufgefallen, dass die Bezuschussungen oder Sonderangebote der Krankenkassen widersprüchlich und teilweise undurchsichtig sind.

2.3 Nutzergruppe

Die Präventions-App soll für alle gesetzlich krankenversicherte Bürgerinnen und Bürgern in der Bundesrepublik Deutschland ab 18 Jahren zugänglich sein. Voraussetzung für den Zugang zur App ist das Vorhandensein eines Smartphones und die Nutzung dessen, welche im Jahr 2015 deutschlandweit bei 46 Millionen Personen lag. Im Jahr 2012 lag die Zahl der Smartphone Nutzer noch bei 27,3 Millionen Personen, wodurch der Trend hin zur vermehrten Nutzung deutlich wird (Vgl. Statista 2012, o. S.). Betrachtet man die Altersverteilung der Smartphone Nutzer wird deutlich, dass der Großteil mit ca. 60 % zwischen 25 und 54 Jahren liegt (Vgl. Statista 2015, o. S.). In einer Studie des RKI wurde ermittelt, dass zwischen 2007 und 2009 etwa 16,6 % mindestens eine präventive Maßnahme wahrgenommen haben. Hierbei war der Anteil der Frauen doppelt so hoch wie der Anteil der Männer. Mit steigendem Bildungsniveau erhöhte sich ebenfalls die Anzahl der Inanspruchnahmen (Vgl. Robert Koch Institut 2011, S. 28). Daraus lässt sich ableiten, dass die vermutliche Nutzergruppe zu einem höheren Anteil von Frauen besteht und die Nutzergruppe einem höheren Bildungsniveau angehören wird.

2.4 inbegriffene Leistungen

Das Ziel der Applikation ist es, eine personalisierte Liste mit den von der gesetzlichen Krankenversicherung finanzierten Präventionsleistungen zu erstellen. Hierzu werden Abs. 1 und 2 des §20 SGB V über ‚Primäre Prävention und Gesundheitsförderung' näher betrachtet. Dieser Paragraph regelt, welche Präventionsprogramme von der gesetzlichen Krankenversicherung bezuschusst werden. Der Leitfaden Prävention des GKV-Spitzenverbandes beschreibt die Umsetzung des §20 SGB V näher. Er sagt aus, dass die Präventionskurse in folgenden Handlungsfeldern stattfinden:

- Bewegungsgewohnheiten
- Ernährung
- Stressmanagement und
- Suchtmittelkonsum.

Das Handlungsfeld Bewegungsgewohnheiten beinhaltet Programme zur Reduzierung des Bewegungsmangels mittels gesundheits- und verhaltensorientierten Bewegungsprogrammen. Dadurch sollen spezielle gesundheitliche Risiken vorgebeugt und reduziert werden. Ernährung als Handlungsfeld beinhaltet die Vermeidung von Mangel- und Fehlernährung. Folglich soll auch Übergewicht vermieden und reduziert werden. Das Handlungsfeld Stressmanagement soll Stressbewältigungskompetenzen und Entspannung fördern. Im Rahmen des Handlungsfeldes Suchtmittelkonsums werden das Nichtrauchen und der gesundheitsgerechte Umgang mit Alkohol als Ziel ausgemacht. Auch die Reduzierung des Alkoholkonsums spielt in diesem Zusammenhang eine wesentliche Rolle.

Damit ein Präventionskurs von einer Krankenkasse bezuschusst wird, muss er von dieser anerkannt werden. Dafür müssen bestimmte Voraussetzungen erfüllt werden. Diese sind ebenfalls im Leitfaden Prävention niedergeschrieben, die in Tabelle 1 zu finden sind (GKV-SV 2014, S. 41 f.).

Qualitätskriterium	Beschreibung
Strukturqualität	– Qualifizierte/r Trainer/in
Konzept- und Planungsqualität	– Konkrete Definition der Zielgruppe/n – Teilnahmeunterlagen – Wissenschaftlicher Nachweis der Wirksamkeit – Möglichkeit das Erlernte dauerhaft in den All-tag zu integrieren
Prozessqualität	– Gruppengröße von maximal 15 Teilnehmern – Homogene Gruppe (gleiche Indikation) – Frequenz: mindestens acht Einheiten a 45 Mi-nuten; höchstens zwölf Einheiten a 90 Minuten – Thematisch aufeinander aufbauend
Ergebnisqualität	– Teilnahme des Anbieters an einer Evaluation der Krankenkasse

Tabelle 1: Voraussetzungen zur Anerkennung eines Präventionskurses

2.5 Finanzierung / Auftraggeber

Seit Juli 2015 ist das ‚Gesetz zur Stärkung der Gesundheitsförderung und der Prävention' (Präventionsgesetz – PrävG) in Kraft getreten, wodurch die Bundeszentrale für gesundheitliche Aufklärung (BZgA) eine deutliche Erhöhung der monetären Ressourcen erhalten hat. Da es Aufgabe der BZgA ist, über präventive Möglichkeiten und Maßnahmen aufzuklären und zu informieren und finanzielle Mittel aus dem Präventionsgesetz dafür genutzt werden können, wäre diese Institution als Auftraggeber und Finanzier einer solchen App denkbar (Vgl. Deutscher Bundestag 2015, o. S.). Eine neutrale und anbieterunabhängige Anwendung zur besseren Übersicht und Transparenz über vorhandene Präventionsangebote für die Krankenversicherten ist im Sinne der BZgA.

3 Anforderungsanalyse

Es ist nicht nötig, dass der Nutzer einen Login durchführt, um die App benutzen zu können.

Um sich anzeigen zu lassen, welche Präventionsleistungen in der Nähe für den Anwender verfügbar sind, gibt er folgende Grunddaten in die App ein:

Merkmal	**Beschreibung**	**Feldeigenschaft**
Krankenkasse	– da sich Leistungen zwischen den Kassenunterscheiden	Pflichtfeld
PLZ	– Suche anhand eingegebener PLZ	Pflichtfeld (oder GPS)
GPS-Suche	– Suche durch Aktivierung der Standortbestimmung	Pflichtfeld (oder PLZ)
Reichweite (um die PLZ)	– Auswahl in welchem Umkreis um die von ihm angegebene PLZ / Aufenthaltsortes er Angebote angezeigt bekommen möchte – 10 km als Voreinstellung – Auswahlmöglichkeiten: 0, 2, 5, 10, 20, 25, 30, 40, 50, 75, 100km oder ganz Deutschland	Pflichtfeld
Barrierefreiheit	– Angabe, ob die Einrichtungen, in der die Leistung angeboten wird, barrierefrei zugänglich ist – Auswahlmöglichkeiten: ja, nein, keine Angabe	freiwilliges Feld

Tabelle 2: Grunddaten zur Sucheingabe

Da sich die Angebote der Krankenkassen voneinander unterscheiden, ist die Angabe der Krankenkasse in den Grunddaten obligat. Gibt der Nutzer nun noch seine Postleitzahl ein oder aktiviert die Standortsuche, wodurch sein Aufenthaltsort mittels GPS geortet werden kann, kann die Suche nach den gewünschten Leistungen durchgeführt werden.

Nach Eingabe der Grunddaten kann der Nutzer die Suche starten und es werden ihm Angebote, die zu seiner Suchabfrage passen, in einer Liste angezeigt.

Da Präventionskurse in unterschiedliche Handlungsfelder eingeteilt werden, ist es ihm nun möglich, die soeben abgefragte Liste anhand von Themenfeldern zu filtern. Zu diesen Filtern gehören folgende Auswahlmöglichkeiten:

- Bewegung
- gesunde Ernährung
- Suchtmittelkonsum
- Stressmanagement / Entspannung

Wählt der Nutzer nun eines der aufgelisteten Angebote aus, werden ihm detailliertere Informationen zu dem Angebot angezeigt. Er erfährt was die Inhalte des Präventionsangebotes sind, wie viel er für das Angebot ggf. zuzahlen muss, die genaue Adresse und wie er diese mit öffentlichen Verkehrsmitteln erreicht. Außerdem kann er die Website des Anbieters besuchen, sofern diese hinterlegt wurde und existiert. Des Weiteren findet der Nutzer in der detaillierten Übersicht des Angebotes die Möglichkeit, mit dem Anbieter Kontakt aufzunehmen, sofern dieser eine eMail-Adresse hinterlegt hat. Ist keine eMail-Adresse hinterlegt, erscheint das Feld „Kontakt" nicht.

Außerdem ist es erforderlich, dass ein Mitarbeiter unseres Unternehmens regelmäßig neue Präventionsangebote in die Datenbank einpflegt, damit die Nutzer auf aktuelle Daten zugreifen können.

3.1 Use-Cases

In der Präventions-App treten zwei verschiedene Use-Cases auf, die in Abbildung 1 in einem Umweltdiagramm zusammengefasst dargestellt werden. Zum einen tritt der Use-Case des Nutzers auf (links) und zum anderen eines Mitarbeiters (mittig).

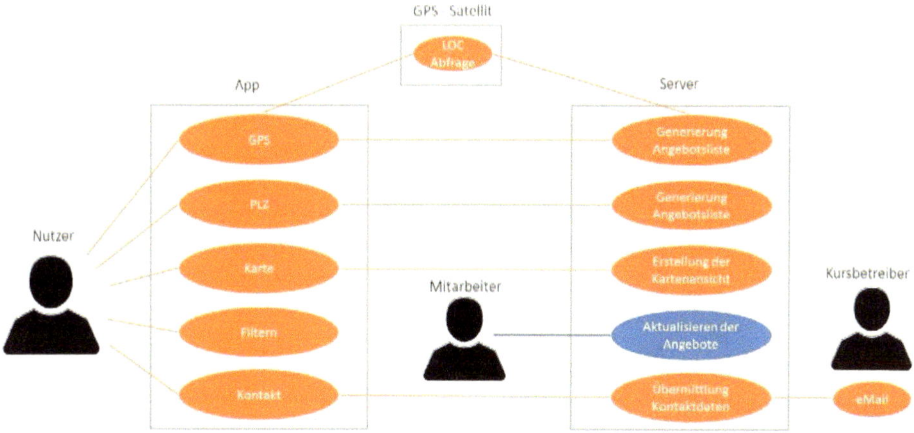

Abbildung 1: Umweltdiagrammder Anwendung

3.1.1 Use-Case Nutzer

Der Use-Case des Nutzers stellt den größten Use-Case des Umweltdiagramms dar.

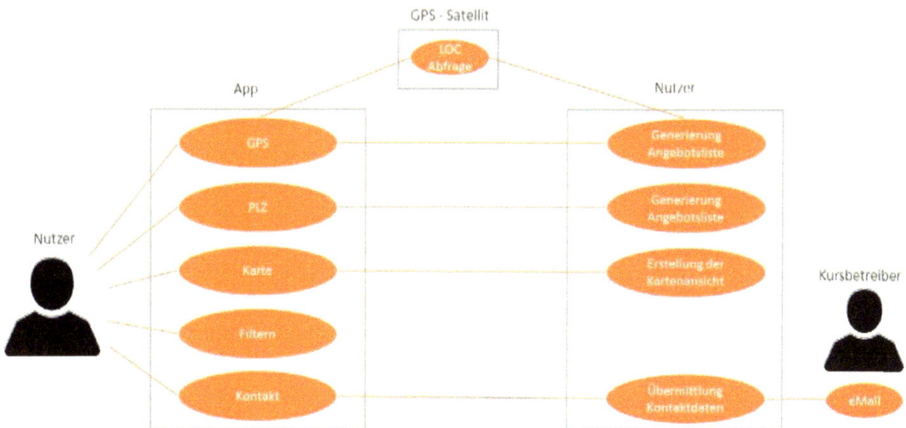

Abbildung 2: Use-Case Nutzer

Suche unter Nutzung von GPS

Nachdem der Nutzer seine Grunddaten in die App eingegeben hat, kann er die für ihn in Frage kommenden Angebote suchen. Dies ist möglich über eine GPS-Suche oder die Eingabe der Postleitzahl. Wenn die GPS-Suche aktiviert wird, wird eine LOC Abfrage gestartet. Nachdem der Standort des Nutzers lokalisiert wurde, generiert der Server die Angebotsliste für den Nutzer und sendet diese an die App.

Suche durch Angabe der Postleitzahl

Alternativ besteht die Möglichkeit die Angebote mittels manueller Eingabe der Postleitzahl abzufragen. Die Anfrage wird von der App an den Server geschickt und der Server generiert eine Angebotsliste und sendet diese an die App.

Erstellen einer Kartenansicht der gelisteten Angebote

Nachdem die Angebotsliste vom Server an die App gesendet wurde, erscheint diese auf dem Display. Der Nutzer hat nun die Möglichkeit durch Anklicken der Option ‚Karte' die Angebote im gewünschten Postleitzahlgebiet auf einer Karte zu sehen. Dieses funktioniert über Google Maps API.

Filtern der gefundenen Angebote

Oberhalb der Liste kann der Nutzer die Option „Filter" finden. Damit hat der Nutzer die Möglichkeit, die Angebote zu filtern. Wenn der Nutzer auf den Button klickt, öffnet sich die Filterauswahl. Die Optionen „Bewegung", „gesunde Ernährung", „Suchtmittelkonsum" und „Stressmanagement / Entspannung" erscheinen. Wählt der Nutzer eine dieser aus, wird seine ursprünglich gefundene Liste reduziert auf Angebote aus dieser Kategorie.

Kontaktaufnahme zu einem Anbieter

Nachdem der Nutzer ein Angebot ausgesucht und darauf geklickt hat, erscheint das Angebot im Detail. Durch Klicken auf die Option „Kontakt" hat der Nutzer die Möglichkeit, den Anbieter zu kontaktieren. Aber nur, wenn der Anbieter eine eMail-Adresse hinterlegt hat. Ansonsten ist der Button nicht klickbar. Bei Klicken des „Kontakt" Buttons öffnet sich ein Kontaktformular, in welches der Nutzer „Name", „Vorname", „Telefonnummer", „eMail-Adresse", und einen „Freitext" eintragen kann. Nachdem der Nutzer das Formular ausgefüllt hat und auf Absenden klickt, wird eine eMail an den Anbieter gesendet.

3.1.2 Use-Case Mitarbeiter

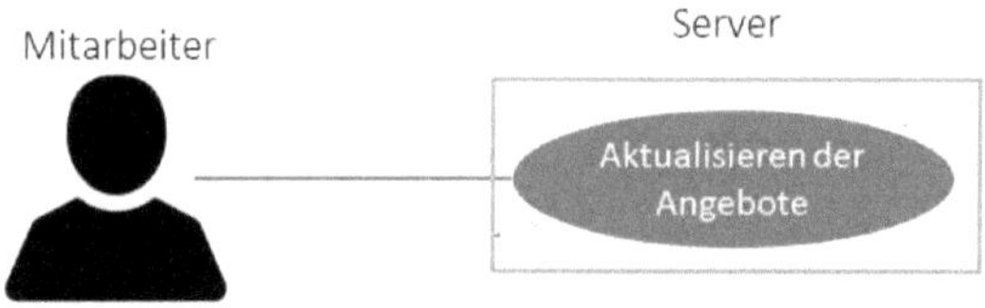

Abbildung 3: Use-Case Mitarbeiter

Aktualisieren von Angeboten

Die Krankenkassen senden neue Präventionsangebote, die sie bezuschussen an einen Mitarbeiter in unserem Unternehmen, der die Angebote in die Datenbank einpflegt.

4 Spezifikationen

Dieses Kapitel beinhaltet die technische Sicht der Systemstruktur, der Softwarekomponenten und Übertragungsraten inklusive Netzabdeckung.

4.1 Systemstruktur

Die Inhalte dieses Kapitels befassen sich mit den Systemstrukturen der App zur Suche von Präventionsangeboten.

4.1.1 Übersicht Systemstruktur Nutzer

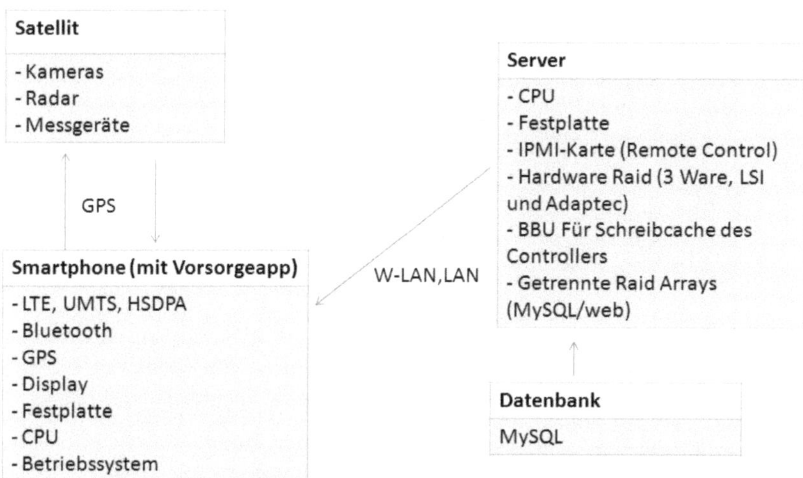

Abbildung 4: Übersicht Systemstruktur (Eigene Darstellung in Anlehnung an Deffke 2011 o. S.; Frickel 2013, S. 3; Flottmesch o. J., o. S.)

Bei der Standortbestimmung verbindet sich das Smartphone mit dem GPS-Modul, mit dessen Hilfe Satelliten den Standort des Users durch den Einsatz von Sensoren bestimmen können. Danach wird die ermittelte Position mit den zusätzlichen Eingabedaten der Suchanfrage ergänzt und an einen Server mit Hilfe des (mobilen) Internets übermittelt. Diese Daten werden von dort mit einer Datenbank abgeglichen und das Ergebnis zum Smartphone zurückgeschickt. Server und Datenbank sind miteinander verbunden.

Seit der zivilen Nutzung des GPS seit Anfang des Jahrtausends (z.B. zur Navigation im Auto oder Ortung in der Logistik), ist das A-GPS zur Positionsbestimmung entwickelt worden und kommt in mobilen Devices zum Einsatz (Vgl. handy-orten.biz o. J., o. S.). Soll nun ein Smartphone per Satellit geortet werden, dient dieses als Referenzträger und steht in ständigen Kontakt mit mehreren Satelliten, welcher seine Position über Radiosignale bekannt gibt. Je mehr Satelliten vorhanden sind, desto genauer ist die Positionsbestimmung, welche gegenwärtig bis zu einem Meter Genauigkeit beträgt (Vgl. handy-orten.biz o. J., o. S.). Die Position der Satelliten wird mit Hilfe der Signallaufzeiten automatisch berechnet. Zusätzlich kann auch der Dopplereffekt für diesen Zweck genutzt werden, für den mindestens drei Signale der Satelliten zur Positionsbestimmung und einen vierten für die Messung der Zeit im Empfänger, benötigt werden (Vgl. handy-orten.biz o. J., o. S.). Eine GPS-Ortung per Mobile Device funktioniert nur wenn es GPS-fähig ist, die GPS-Funktion aktiviert ist und direkten Kontakt zum Satelliten und freiem Himmel hat (Vgl. handy-orten.biz o. J., o. S.). Bei der Benutzung der App zur Präventionssuche findet das Prinzip der Eigenortung statt, bei dem sich der Anwender selbst ortet, um seinen Standort mit einer Karte und den enthaltenen Angeboten lokal abgleicht. Beim Starten der Suchanfrage und Abgleich mit der Karte verbindet sich die Anwendung mit dem GPS-Modul. Daraufhin werden die benötigten Daten ermittelt und die Geokoordinaten auf der Karte mit den Angeboten ausgegeben (Vgl. handy-orten.biz o. J., o. S.).

Für den (Client) App-Nutzer dient der Server als Software und verschafft Ihn einen Zugang zu den bereitgestellten Daten, welche durch den Mitarbeiter täglich aktualisiert werden (Vgl. Aschermann 2016, o. S.). Damit die Software die Angebote mit der Karte abgleichen kann, greift Sie auf den Server mit der verbundenen Datenbank zu. Dafür wird zeitgleich zur der aktivierten GPS-Positionsermittlung ein mobiler Internetzugang benötigt. Damit das Mobile Device und der Server innerhalb eines Netzwerks eindeutig zugeordnet werden können benötigt es einer IP-Adresse (Vgl. Gabler Wirtschaftslexikon o. J., o. S.). Bei der Suchanfrage ist zu beachten, dass die Handlungen nicht immer einer konkreten Person zugeordnet werden können, da die Suche für eine andere Person gestartet werden kann, als die des Besitzers des Smartphones oder der App (ohne Nutzerprofile).

Das nachfolgende Kapitel befasst sich dementsprechend mit der Pflege der Datenbank durch den Mitarbeiter unseres Unternehmens, auf die der Anwender bei der Suchanfrage zugreift.

4.1.2 Systemstruktur Mitarbeiter

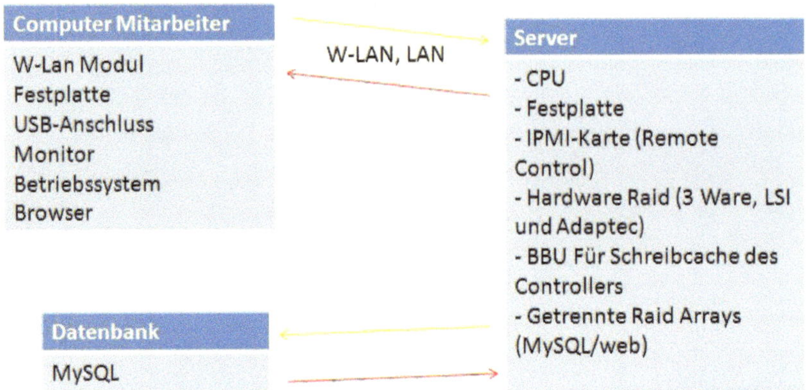

Abbildung 5 Systemstruktur Mitarbeiter (Eigene Darstellung in Anlehnung an Flottemesch o. J., o. S.)

Damit der Mitarbeiter die Datenbank mit aktuellen Informationen der Krankenkassen und deren vertraglichen Dienstleistern auf dem neusten Stand halten kann, greift er von seinem Arbeitsplatz mittels eines Notebooks oder PCs auf den Server mit Hilfe des Internets zu. Beim Zugriff auf den Server erfolgt zur Sicherheit eine Passworteingabe. Ist der Zugriff erfolgt, werden in der Datenbank die entsprechenden Informationen hinterlegt. Anschließend loggt sich der Mitarbeiter wieder aus.

In Bezug auf die Sicherheit beim Login spielt das Passwort eine wichtige Rolle, welches in monatlichen Abständen gewechselt wird. Dabei werden nicht nur Buchstaben ausgetauscht, sondern eine andere Zeichenkette (mindestens 8 Stück inklusive Sonderzeichen und Ziffern) gewählt. Dieses ist eine Aufgabe der verantwortlichen Person, welche in diesem Fall der Webadministrator ist. Eine Weitergabe des Passwortes an Dritte ist verboten, solange dieser seine Tätigkeit wahrnimmt (Vgl. Maus 2012, o. S.). Ist die Eingabe von Benutzernamen und Passwort richtig, greift der Mitarbeiter auf den Server zu. Der Server dient in unserem Beispiel als Netzwerkrechner, der seine Ressourcen für den Mitarbeitercomputer und die Präventions-App als mobile Anwendung bereitstellt, welche über das Smartphone gestartet wird (Vgl. Aschermann 2016, o. S.).

4.2 Softwarekomponenten

Um ein möglichst niedrigschwelliges Angebot zu gewährleisten und somit die Bevölkerung flächendeckend zu erreichen, wird die App für die am weitesten verbreiteten Betriebssysteme

Android, IOS und Windows Mobile entwickelt (StatCounter 2016, o. S.)

4.3 Übertragungsraten und Netzabdeckung

Die Daten zur Abrufung einer individuell auf den User abgestimmten Tabelle werden mittels der GSM-basierten Übertragungsformate GPRS, EDGE und per UMTS, LTE sowie WLAN übertragen. Diese Übertragungsformate wurden ausgewählt, da Datenpakete gesendet werden. Des Weiteren soll eine flächendeckende Nutzung der App gewährleistet werden. Da die App einen Überblick über sämtliche Präventionsprogramme in Deutschland gibt, muss sie in der gesamten Bundesrepublik verfügbar sein. In der folgenden Tabelle sind die Übertragungswege, welche für die App in Frage kommen, und die dazugehörigen Datenraten aufgeführt (Elektronik-Kompendium.de a o. J., o. S.; Elektronik Kompendium b, o. J., o. S.).

Hardware	Funktionen	Übertragungsweg	Datenrate in kBit/s
Smartphone	Anforderung der individuellen Tabelle	GPRS	13,4 (26,8)
		EDGE	118,4 (236,8)
		UMTS	128 (384)
		LTE	bis 500
		WLAN	Bis 200 Mbit/s
Smartphone	Download der individuellen Tabelle	GPRS	53,6
		EDGE	236,8
		UMTS	384
		LTE	bis 1 Gbit/s
		WLAN	Bis 200 Mbit/s

Tabelle 3: Datenraten der benötigten Übertragungswege

Da die Präventions-App flächendeckend nutzbar sein soll, ist zu prüfen ob die gewählten Übertragungswege auch deutschlandweit verfügbar sind. Dieses wird anhand eines Beispiels für das D-Netz (D1) und eines für das E-Netz (E-Plus) dargestellt. GSM ist im D1-Netz beinahe über die gesamte Bundesrepublik verfügbar. Auch im E-Netz ist GSM flächendeckend verfügbar (Deutsche Telekom GmbH o. J., o. S.; E-Plus Gruppe o. J., o. S.).

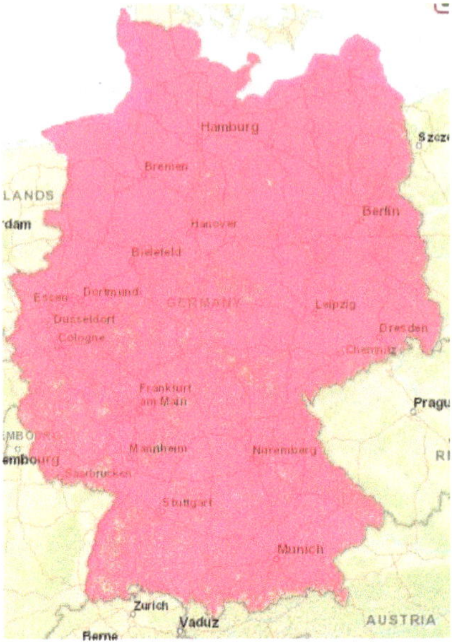

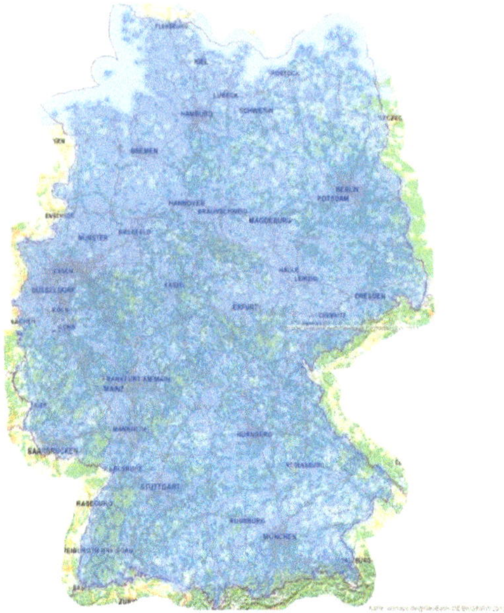

Abbildung 6: Deutschlandweite Abdeckung im D1-Netz (GSM)

Abbildung 7: Deutschlandweite Abdeckung im E-Plus-Netz (GSM)

Auch die Übertragungswege dritter Generation (3G) und vierter Generation (4G) werden für die Datenübertragung berücksichtigt. Auch in diesem Fall wird die Netzabdeckung des D1- und des E-Plus-Netzes geprüft, um einen möglichst schnellen Zugang zu gewährleiten. Im D1-Netz ist 3G vor allem nur in den Ballungsgebieten zu empfangen. Während 4G auch vermehrt auf dem Land verfügbar ist (Deutsche Telekom GmbH o. J., o. S.; E-Plus Gruppe o. J., o. S.).

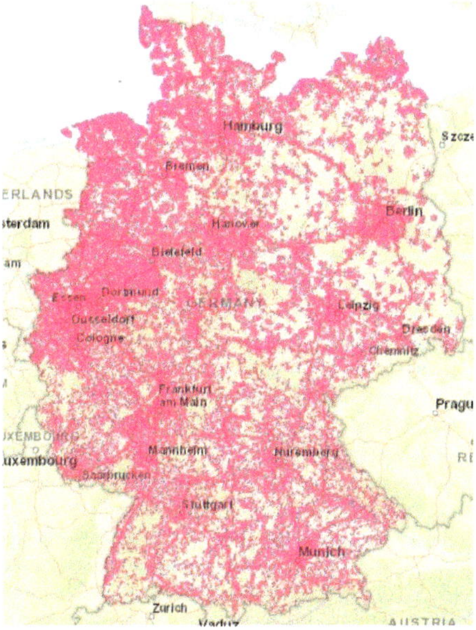

Abbildung 8: Deutschlandweite Abdeckung im D1-Netz (3G)

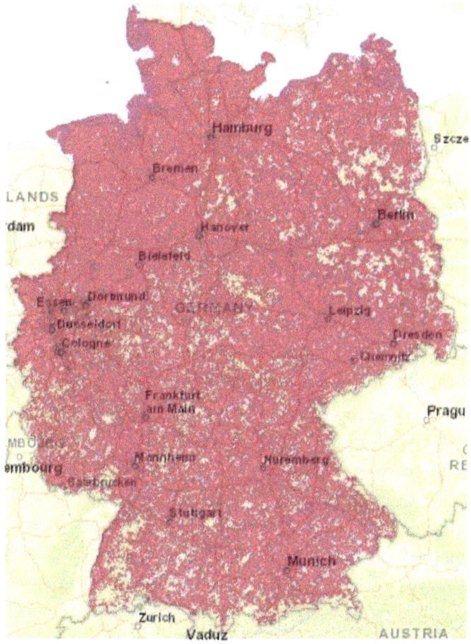

Abbildung 9: Deutschlandweite Abdeckung D1-Netz (4G)

Im Gegensatz zum D1-Netz ist die Netzabdeckung im E-Netz ab 3G deutlich geringer. Jedoch sind auch im E-Plus-Netz die Ballungsgebiete abgedeckt.

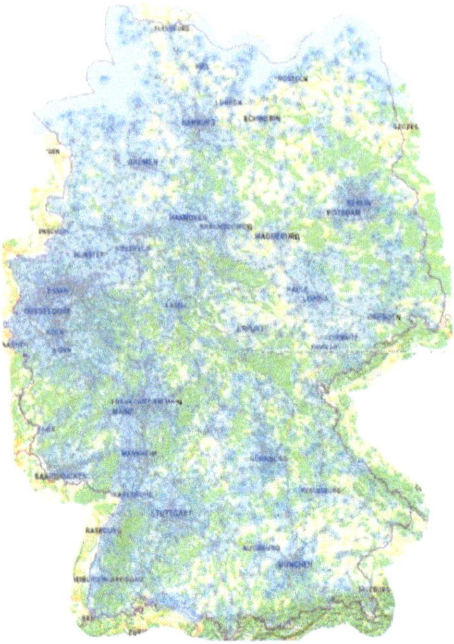

Abbildung 10: Deutschlandweite Abdeckung E-Plus Netz (3G u. 4G)

In den ausgewählten D- und E-Netzen kann die notwendige Übertragungsgeschwindigkeit flächendeckend gewährleistet werden (Deutsche Telekom GmbH o. J., o. S.; E-Plus Gruppe o. J., o. S.).

5 Prozessdarstellung (Grob- & Feinentwurf)

Das folgende Kapitel beschäftigt sich mit dem Sequenz-, Zustands- und Aktivitätsdiagrammen der entwickelten Anwendung.

5.1 Sequenzdiagramm

Im Folgenden werden in Abbildung 11 und Abbildung 12 die Sequenzdiagramme aus Sicht des Nutzers und des Mitarbeiters dargestellt und beschrieben.

5.1.1 Sequenzdiagramm Nutzer

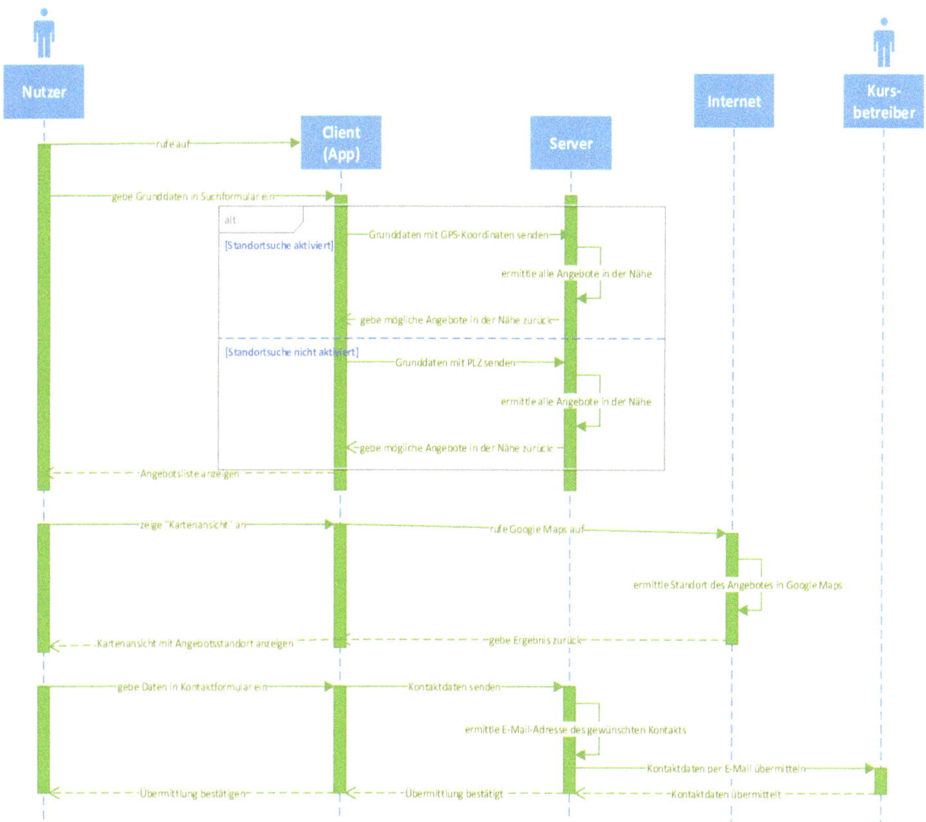

Abbildung 11: Sequenzdiagramm Nutzer

Der Nutzer ruft zunächst die App (den Client) auf und gibt seine Grunddaten in ein Suchformular ein. Entscheidet er sich dabei die Standortsuche zu aktivieren, wird eine LOC-Abfrage über einen Satelliten gestartet. Anschließend werden die Grunddaten mit seinen GPS-Koordinaten an den Server gesendet, der wiederum die Angebote in der Nähe des Nutzers ermittelt. Die ermittelten Angebote werden anschließend wiederum an den Client zurückgegeben.

Ist die Standortsuche nicht aktiviert, werden die Grunddaten mit der eingegebenen Postleitzahl direkt an den Server gesendet, ohne die LOC-Abfrage durchzuführen. Der Server ermittelt wieder alle Angebote in der Nähe des Nutzers und gibt diese an den Client zurück.

Dem Nutzer wird nun eine Angebotsliste angezeigt, die er sich auch in einer Kartenansicht anzeigen lassen kann. Hierzu klickt er auf den Button für die Kartenansicht in der App und über die Verbindung zum Internet wird Google Maps aufgerufen. Die Standorte der Angebote werden ermittelt und als Ergebnis zurück an den Client gesendet. Der Nutzer kann nun den Standort des Angebots/der Angebote auf einer Karte sehen.

Möchte der Nutzer Kontakt zu dem Anbieter des Präventionsangebotes aufnehmen, öffnet er in der App das Kontaktformular, was über den Button „Kontakt" erreichbar ist. Der Button ist nur vorhanden, sofern die Kontaktdaten hinterlegt sind. Der Nutzer gibt seine Daten und die Anfrage in das Kontaktformular ein und sendet diese ab. Über den Server wird die gewünschte eMail-Adresse ermittelt und wodurch anschließend die Anfrage des Nutzers über das Internet an den Anbieter beziehungsweise Kursbetreiber weitergeleitet wird. Die Übermittlung der Anfrage wird dem Nutzer in der App bestätigt.

5.1.2 Sequenzdiagramm Mitarbeiter

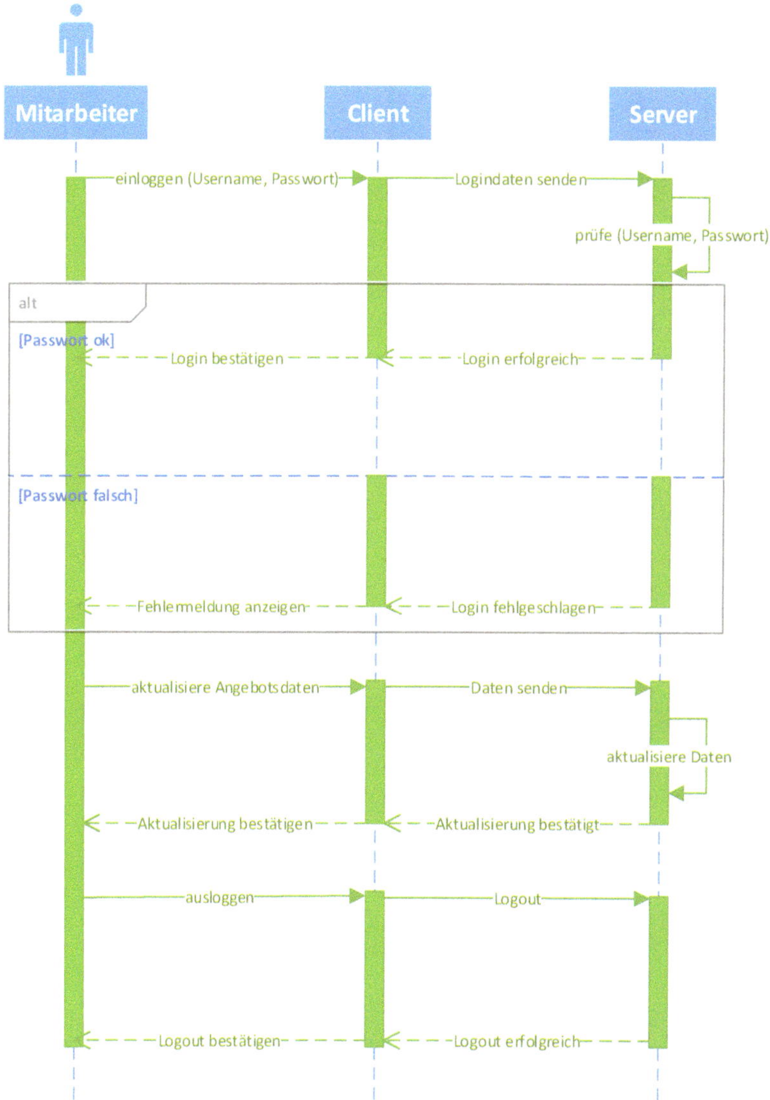

Abbildung 12: Sequenzdiagramm Mitarbeiter

Neue Präventionsangebote werden regelmäßig durch einen Mitarbeiter in die Datenbank eingepflegt. Dafür loggt sich der Mitarbeiter zunächst mit Usernamen und Passwort in den

Client ein. Die Login-Daten werden an den Server gesendet, der wiederum Usernamen und das zugehörige Passwort überprüft. Sind die eingegebenen Daten korrekt, erhält der Mitarbeiter Zugriff auf den Server.

Nun aktualisiert der Mitarbeiter die Angebotsdaten über den Client und sendet diese an den Server, auf dem die Daten aktualisiert werden. Im Anschluss wird eine Bestätigung der Aktualisierung über den Client an den Nutzer gesendet.

Hat der Mitarbeiter alle notwendigen Daten aktualisiert, loggt er sich über den Client aus, wodurch die Verbindung zum Server getrennt wird und der Nutzer keinen Zugriff mehr hat.

5.2 Zustandsdiagramm

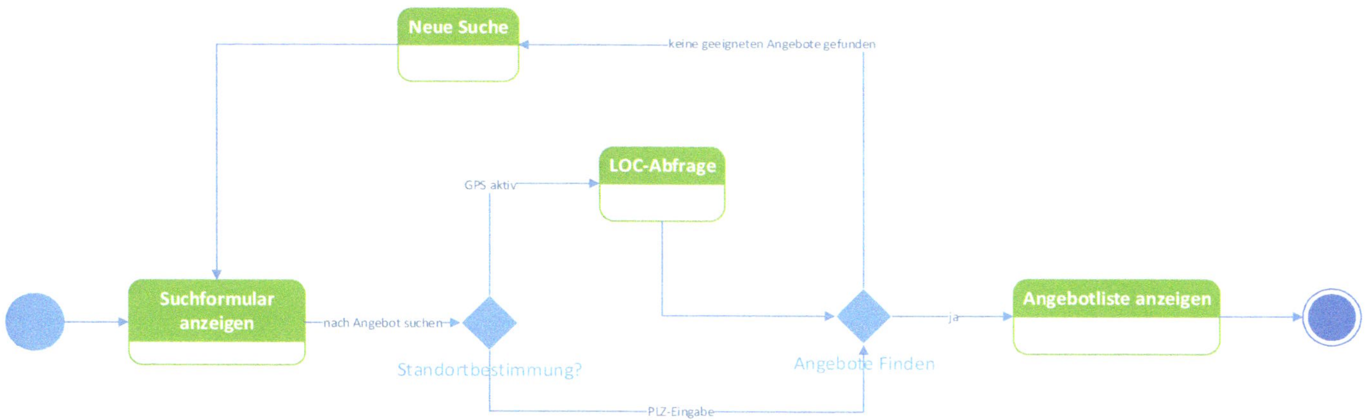

Abbildung 13: Zustandsdiagramm

Die Suchanfrage des Nutzers startet mit dem Anzeigen des Suchformulars., welches die Suche nach Angeboten ermöglicht. Nachdem der Nutzer seine Daten für die Suchanfrage eingegeben hat, werden entweder via manueller Eingabe der Postleitzahl oder über die Standortsuche mittels GPS, Angebote in der Nähe ermittelt. Die GPS Standortsuche zieht eine LOC-Abfrage nach sich. Nachfolgend wird dem Anwender eine Angebotsliste angezeigt. Wurden keine relevanten Angebote für den Nutzer ermittelt, kann dieser seine Daten erneut eingeben und für die Suchanfrage anpassen, sodass sich der vorweg beschriebene Prozess wiederholt.

5.3 Aktivitätsdiagramm

Nachfolgend werden die Aktivitätsdiagramme der App zur Präventionssuche beschrieben, die sich in das Diagramm des Nutzers und das Diagramm des Mitarbeiters unterteilen.

5.3.1 Aktivitätsdiagramm Nutzer

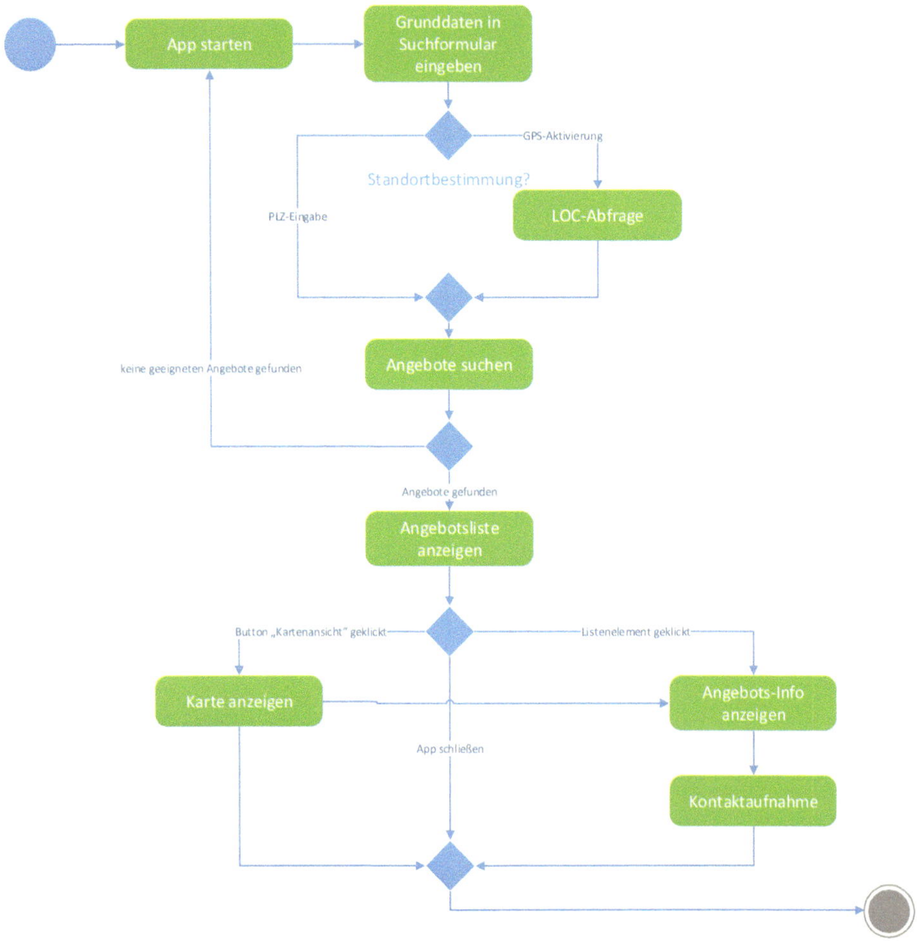

Abbildung 14: Aktivitätsdiagramm Nutzer

Die Aktivität beginnt, indem die App gestartet wird und der Nutzer seine Grunddaten in das Suchformular eingibt. Wenn die Standortbestimmung über GPS aktiviert wird, findet eine LOC Abfrage über den Satelliten statt, durch die der aktuelle Aufenthaltsort ermittelt wird.

Die Standortbestimmung kann ebenso über die Eingabe der Postleitzahl erfolgen. In beiden Fällen werden anschließend anhand des Standortes Angebote für den Nutzer herausgesucht. Werden keine geeigneten Angebote in der Nähe gefunden, gelangt der Nutzer wieder zum Suchformular. Sind jedoch Angebote in der Nähe des Nutzers verfügbar, werden diese ihm in einer Liste angezeigt. Der Nutzer hat nun die Möglichkeit sich nähere Informationen zu einer bestimmten Veranstaltung anzeigen zu lassen oder den Veranstaltungsort auf einer Karte einzusehen. Wenn die Angebotsinformationen angezeigt werden, kann der Nutzer von dort aus den Veranstalter via Kontaktformular erreichen, um weiterführende Fragen zu klären. Im Anschluss daran kann die App geschlossen werden und die Aktivität ist beendet.

5.3.2 Aktivitätsdiagramm Mitarbeiter

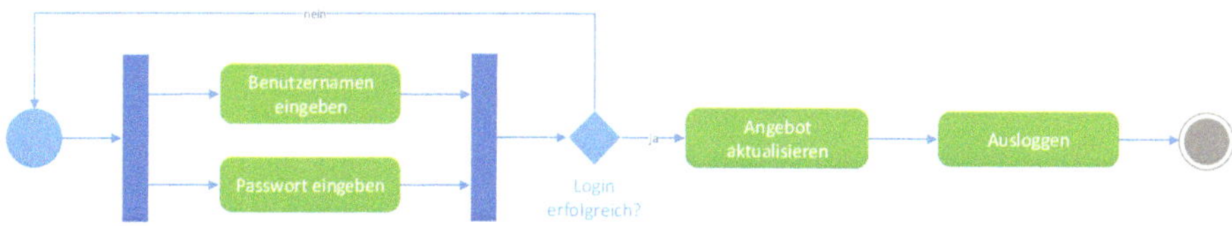

Abbildung 15: Aktivitätsdiagramm Mitarbeiter

Der Prozess beginnt mit der Eingabe des Benutzernamens in Verbindung mit dem dazugehörigen Passwort durch den Mitarbeiter in der Funktion als Webadministrator. Erfolgt eine fehlerhafte Eingabe von Benutzernamen und Passwort wird der Vorgang abgebrochen und die Aktivität am Startpunkt mit einer erneuten Eingabe von vorne begonnen. Bei korrekter Eingabe findet die Angebotsaktualisierung über die Eingabe der Informationen in der Datenbank statt, welche mit dem Server verbunden ist. Sind alle Informationen in der Datenbank hinterlegt, loggt sich der Mitarbeiter wieder aus und beendet somit die Aktivität. Sollen neue Daten hinzugefügt werden, erfolgt die Aktivität von neuem, mit der Eingabe des Benutzernamens und Passwortes.

6 Ausblick

Der Trend in der Inanspruchnahme von GKV-finanzierten Kursteilnehmen ist laut dem Präventionsbericht des GKV-Spitzenverbandes seit 2013, nach einem kurzen Tief in den Jahren 2011-2012, steigend. Das Tief wurde durch eine Gesetzesänderung ausgelöst, die besagte, dass ein Kurs nicht zweimal hintereinander wahrgenommen werden durfte. Diese Regelung wurde 2013 wieder aufgehoben (Medizinischer Dienst des Spitzenverbandes der Krankenkassen, GKV Spitzenverband 2015, S.78). Durch die steigende Inanspruchnahme wird deutlich, dass für die Präventions-App zukünftig ein zunehmender Bedarf besteht. Wie eingangs erwähnt, herrscht derzeit eine starke Intransparenz zwischen den Angeboten der einzelnen Krankenkassen. Mit dem steigenden Bedarf an Primärpräventionsleistungen und dem Wunsch nach Transparenz trifft die Präventions-App den Bedarf der Nachfrager.

In der Zukunft soll es die Möglichkeit geben, die Präventionsangebote direkt aus der Applikation heraus zu buchen, wodurch die Inanspruchnahme von Angeboten noch niedrigschwelliger gestaltet wird. Des Weiteren soll zukünftig eine Schnittstelle zu einer „Elektronischen Patientenakte" (EPA) bestehen. Diese soll es dem Nutzer ermöglichen, seine Gesundheitsaktivitäten zu dokumentieren. Mit der Aufzeichnung in der EPA kann der Nutzer sein Verhalten mit den Gesundheitsdienstleistern besprechen und gegebenenfalls durch weitere Präventionsmaßnahmen anpassen. Außerdem soll später die Synchronisation der gebuchten Angebote mit dem Kalender des mobilen Endgerätes integriert werden, wodurch verhindert werden kann, dass der Termin vergessen wird. Einige Krankenkassen bieten Bonusleistungen für die Wahrnehmung von zertifizierten Präventionskursen an. Daher wird überlegt, eine Schnittstelle einzurichten, durch die der Nutzer die Bestätigung der Teilnahme am Präventionskurs direkt an seine Krankenkasse weiterleiten kann.

Literatur

Aschermann, T. (19.04.2016): Was ist ein Server: Definition, in: Was ist ein Server? Definition und Funktion einfach zusammengefasst. CHIP Digital GmbH 2016 (Herausgeber). Online verfügbar unter:http://praxistipps.chip.de/was-ist-ein-server-definition-und-funktion-einfach-zusammengefasst_12282; geprüft am 02.06.2016.

Bundesministerium für Gesundheit (2015): Prävention. Online verfügbar unter: http://www.bmg.bund.de/glossarbegriffe/p-q/praevention.html; geprüft am 22.04.2016.

Deffke, U. (28.12.2011): Satelliten tragen viele Messgeräte, in: Satelitten – Informationen aus dem All. TK (Herausgeber). Online verfügbar unter: https://www.tk.de/tk/wissen/technik-und-natur/satelliten---informationen-aus-dem-all-10002541/535682; geprüft am 04.06.2016.

Deutsche Telekom GmbH (o. J.): Netzabdeckung. Online verfügbar unter: https://www.t-mobile.de/netzausbau/0,25250,15400-_,00.html; geprüft am 26.05.2016.

Deutscher Bundestag (2015): Grüne fragen nach Rolle der BZgA. Online verfügbar unter: https://www.bundestag.de/presse/hib/2015_04/-/372548; geprüft am 22.04.2016

Deutsches Ärzteblatt (2014): Prävention soll ungleiche Gesundheitschancen kompensieren. Online verfügbar unter http://www.aerzteblatt.de/nachrichten/57952; geprüft am 22.04.2016.

Elektronik-Kompendium a (o. J.): Datenübertragung im Mobilfunk. Online verfügbar unter http://www.elektronik-kompendium.de/sites/kom/0910141.htm; geprüft am 23.05.2016.

Elektronik-Kompendium b (o. J.): IEEE 802.11b / WLAN mit 11 MBit. Online verfügbar unter http://www.elektronik-kompendium.de/sites/net/0907031.htm0910141.htm; geprüft am 23.05.2016.

E-Plus Gruppe (o.J.): Netzabdeckung. Online verfügbar unter http://geoinfo.eplus.de/evinternet/; geprüft am 26.05.2016.

Flottemesch, U. (o.J.): Server Technik (unsere dedizierten Server). fc-hosting.de (Herausgeber). Online verfügbar unter: https://www.fc-hosting.de/firma/server.php; geprüft am 04.06.2016.

Frickel, C. (18.03.2013): Technische Daten: Die Smartphones in der Tabelle. In: Was kann Samsungs Galaxy S4 im Vergleich zu anderen Super-Handys? Focus Online (Herausgeber). Online verfügbar unter: http://www.focus.de/digital/handy/tid-30140/htc-one-iphone-5-sony-xperia-z-und-co-samsungs-galaxy-s4-im-vergleich-mit-anderen-super-handys-technische-daten-die-smartphones-in-der-tabelle-_aid_942375.html; geprüft am 04.06.2016.

Gabler Wirtschaftslexikon (o. J.): Stichwort: IP-Adresse. Springer Gabler Verlag (Herausgeber). Online verfügbar unter: http://wirtschaftslexikon.gabler.de/Definition/ip-adresse.html; geprüft am 02.06.2016.

GKV-SV (2014): Leitfaden Prävention. Handlungsfelder und Kriterien des GKV-Spitzenverbandes zur Umsetzung der §§ 20 und 20a SGB V vom 21. Juni 2000 in der Fassung vom 10. Dezember 2014. Berlin.

Gohlke, H. (2004): Lifestyle modification – is it worth it? In: Herz. 29 (1), S. 139-144.

handy-orten.biz (o.J.): Handyortung GPS. Online verfügbar unter: https://www.handy-orten.biz/gps; geprüft am 02.06.2016.

Maus, A.-S. (05.07.2012): Schützen Sie Ihre Passwörter also mit diesen fünf einfachen Tipps, in: Fünf

Tipps für sicheren Passwortschutz. PC Magazin (Herausgeber). Online verfügbar unter: http://www.pc-magazin.de/ratgeber/fuenf-tipps-fuer-sicheren-passwortschutz-1314631.html; geprüft am 02.06.2016.

Medizinischer Dienst des Spitzenverbandes der Krankenkassen, GKV-Spitzenverband (2015): PRÄVENTIONSBERICHT 2015. Leistungen der gesetzlichen Krankenversicherung: Primärprävention und betriebliche Gesundheitsförderung Berichtsjahr 2014. Korschenbroich.

Robert Koch Institut (2011): Beiträge zur Gesundheitsberichterstattung des Bundes. Daten und Fakten: Ergebnisse der Studie „Gesundheit in Deutschland aktuell 2009". Berlin.

Sanamedia (2016): Die Vorsorge-Uhr als Web-App. Online verfügbar unter http://www.sanamedia.de/vorsorgeuhr_fuer_sie.html; geprüft am 25.04.2016.

StatCounter (2016): Marktanteile der führenden mobilen Betriebssysteme an der Internetnutzung mit Mobilgeräten in Deutschland von Januar 2009 bis März 2016. verfügbar unter http://de.statista.com/statistik/daten/studie/184332/umfrage/marktanteil-der-mobilen-betriebssysteme-in-deutschland-seit-2009/; geprüft am 05.06.2016.

Statista (2012): Altersverteilung der Smartphone-Nutzer in Deutschland im Dez. 2012. Online verfügbar unter http://de.statista.com/statistik/daten/studie/255605/umfrage/altersverteilung-der-smartphone-nutzer-in-deutschland/; zuletzt geprüft am 31.05.2016.

Statista (2015): Anzahl der Smartphone-Nutzer in Deutschland in den Jahren 2009-2015 (in Millionen). Online verfügbar unter http://de.statista.com/statistik/daten/studie/198959/umfrage/anzahl-der-smartphonenutzer-in-deutschland-seit-2010/; geprüft am 31.05.2016.

Zentrale Prüfstelle Prävention (2016): Finden Sie ihren Gesundheitskurs. Online verfügbar unter http://17351.zentrale-pruefstelle-praevention.de/kurse/; geprüft am 25.04.2016.